憂鬱與創造

——用生命之花
呈現人類圖中的創造力

文 江鵝
圖 蕭郁書

陪伴憂鬱的自己	江鵝	4
我和我的生命之花	蕭郁書	7

通道 3-60	突變	10
通道 2-14	脈動	12
通道 1-8	啟發	14
通道 43-23	架構	16
通道 61-24	覺察	18
通道 39-55	大作情緒	20
通道 12-22	開放	22
通道 28-38	掙扎	24
通道 20-57	腦波	26
通道 10-34	探索	28
通道 25-51	發起	30

【附錄】人類圖中的十一條個體性通道 32

前言／

陪伴憂鬱的自己

江鵝

有些憂鬱的狀態需要陪伴，卻又難以負擔真的有人在身邊，那些時候我們必須陪伴自己。

在人類圖觀點中，「憂鬱」是尋常的感受，是「個體性」能量的自然表現。每個人身上都有三種主要能量特性：親厚自己人以謀求共同生存利益的「家族性」、與群體共同進退保障穩定發展的「社會性」、以及渴望證明自我存在的「個體性」。三種能量在每個人身上佈局各異，但是無論比重高低，「自我存在」都是每張人類圖的核心課題，沒有任何人避得開面對自身個體性的功課。

「個體性」永遠想要確立「我」的存在，當個體置身於「我們」的處境，自然會尋求彰顯「我」的獨特性。「個體性」本身具有高度突變潛力，往前一步就成為強大的創造力，環境越是提倡歸屬與共存，越是誘發出個體想要與眾不同的內在突變壓力。然而生活是錯綜複雜的「社會性」與「家族性」能量共構模式，我們每天遊走在家族與社會的潛在規則裡，體內蓄積的突變壓力越來越多，如果在某個因緣俱足的時刻發作出來，成為一首歌，一幅畫，一篇文章，一次辭職，一趟旅行，一場創業，就成為一次創造。活命這件事本身就是一次接著一次創造，我們都在用這輩子成就一個「我」。

當環境條件不允許個體以真面目自在舒展，那股突變壓力鎖在體內，會成為強烈的哀愁鬱悶，讓「我」在體感上失去活命的興味。大多數嘴裡喊出來的「好想死」，說的其實是「我無法活在眼前這種狀態」，這兩件事未必要劃上等號。去死的決心只要轉個視角，就是恣意活命的氣勢。在現實人間放膽讓自己活得真實暢快，是最終極的廣義創作，通常也因此衍生出精彩的狹義創作，像是音樂，文學，戲劇，舞蹈。我們經常看見，當個體的狹義創作得以通往世人的理解，尤其通往人心深處難以言行呈現的內在張力，便成為動人的「藝術」。

人類圖以持平的態度，客觀看待憂鬱，這個視角和主流認知很不一樣。「不快樂」在當前社會觀感裡是一種需要救助的狀態，好像人都得笑得像彌勒佛才正常，但是每個人的設計或多或少都有其易感難收的哀愁，在整張人類圖的能量布局裡，那是相當珍貴的創造動力。只是在蓄積動力的過程中，逐漸浮現的憂鬱感相當難受，如果憂鬱已經沉重到日子很難過，求助於現有的精神科學和醫療手段，先度過眼前最困難的階段，是有用的，甚至必要的。但是長遠而言，找到與哀愁憂悶共存的平衡，才是究竟解方。

藏匿在憂鬱底層無所作為，最是痛苦，因為那是一場自己與自己的戰爭，用盡全身力氣去違逆全身所有努力求活的細胞，直到對於生命的天生信任消失殆盡。如果你願意，試試在認知上換個視角，當每一次憂鬱來襲，練習接納自己，陪伴自己，順著體內的張力，運用當下最大的才智和資源，在生活裡避開不願忍受的，表達不甘沉默的，追求熱情嚮往的，放膽創造貼近真實自我的人生吧。憂鬱是創造的前身，它既然巨大到足以輾壓我們，也就足以成為攜載我們無畏前往人生新局的車輪。

這本畫冊專為這些充滿張力的時刻所繪製。構成生命之花的規律圓弧，也有人稱為「神聖幾何」，每當我凝視生命之花，會感受到體內的能量以頭腦不能理解的方式，得到引導與校準。畫家蕭郁書運用她在能量與色彩上與眾不同的敏銳感受力，將人類圖裡十一條個體性通道的特性化為色彩，填進生命之花的幾何放射當中，就好像，我們體內炙熱煎熬的突變張力，渴望在人間找到得以實現創造的途徑。畫冊裡的每一張生命之花，都配著兩句話，一句是憂鬱的煎熬，轉個方向則是一句人生創造。自由與禁錮是光與影的關係，無論如何旋轉頁面，那都是同一朵生命之花，同一種個體性。要用哪個面向看待生命，我們可以選。

從憂鬱轉向創造是緩慢的過程，很多時候必須浪裡行舟進進退退，難免氣餒，卻又不容易向旁人說明。那些時刻通常孤獨，每一次感到孤獨都是自己陪伴自己的證明。如果當前的憂鬱使你痛苦，試試打開這本畫冊，翻到你莫名想要停留的那朵花，望著它，專心數呼吸：吸—吐—吸—吐—吸—吐，直到清楚感受到自己正在陪著自己，你是天地間真實而具體的存在，就可以放下畫冊，去做一件當下你最感覺到正確而且迫切的事。也許是去推辭什麼，或去追求什麼，那將是一次創造的嘗試。

持續勇敢真誠的嘗試創造，體內的突變張力就能不斷得到紓緩，減輕憂鬱感。身體和生命具有超乎我們所能理解的深層智慧，能夠辨識屬於自己的道路，只要不強加攔阻，原有的豐盛和力量會不斷支持你前進。即使感到世上沒有任何人值得信任，你永遠可以相信自己的身體始終愛護著你，要你盡情而且真實的活出這條命。

陪伴自己，愛護身體，慢慢來，一次一次，讓憂鬱成為助力，創造屬於你的這一生。

當生命之花成為能量通道

蕭郁書

某個午後，江鵝邀請我將人類圖的十一條個體性通道描繪成生命之花，和她的文字一起出版。那時彷彿有一道光從裂縫中穿透而出，照亮我內心深處。讀完她為這本書所創作的文字，我大為驚訝，因為那些句子彷彿是擁有那條通道的人站在你面前分享感受時所說的話，讓人身臨其境。非但如此，她還精準地描述了憂鬱的狀態，重新解釋了憂鬱與創造力的關聯。她指出，在社會文化中，憂鬱常被視為一種虛弱的面貌，難以表達、不被認可、備受壓抑；但如果能以新的角度看待它，也許就能更好地接受這股動能，進而將其轉化為創造的潛能。這些觀點讓在憂鬱裡反覆打滾的我深感共鳴。

憂鬱與創造力，這個主題對我來說並不陌生。每當發現日常小事一直出錯，晴朗的天氣、旁人的笑容都與我失去關聯，生活的畫面突然變成一團充滿壓力的黑灰影像，我便意識到憂鬱這位老朋友來訪了。以往每到這時，我就會拿起紙筆，將情緒轉化為創作的能量。每次的創作期可能只有一兩天，也可能持續幾個月。在那段時間裡，創作就是我的生存動力與希望。這樣的創作模式持續了十年，直到我生了雙胞胎，才明白「被鬼抓走就創作」是一種任性而奢侈的生活方式。進一步研究這十一條通道之後，我發現我不但擁有其中一條完整通道（28-38「掙扎」的通道），而且另外九條都分別有一個閘門被啟動，頓時感受到命運的召喚，火速展開了這次的合作。

這系列的十一件作品，我試圖透過生命之花與色彩逐一詮釋這十一條個體性通道獨特的能量頻率。生命之花是一種古老的神聖幾何圖騰，廣泛出現在東西方文化中，有時你能在世界各地的祭祀場所發現它。它象徵著宇宙原初的形狀和振動頻率，連結著生命的本源。對我來說，它反映了宇宙與個體生命在本質和能量結構上的同一性。因此每次作畫前，我會點起蠟燭，冥想、祈禱，請宇宙協助我接收特定通道的能量；當我開始接收，便跟隨直覺不假思索地畫下每一筆。在作品完成之前，我的觀點、行為和內在對話，都會受到那條通道能量的影響而改變，好像換了身體去活。觀察自己的轉變，也使我更了解那條通道的能量特質與突變方式。

在這過程中，讓我印象最深刻的是 20-57「腦波」通道。擁有 20-57 通道的人似乎活在高速運行的世界裡。當你前進的速度很快，便容易覺得周遭事物運作緩慢；時間彷彿靜止了一般，使你得以清晰地觀看世界。接通這股能量並著手創作之後，我很快感受到環境中的凝結感。接下來的一個月裡，我繼續被這股能量制約。我對周遭人、事、物的理解變得透徹，好像能迅速掌握每一件事的來龍去脈，甚至能預判接下來的結果，使我對自己的能力和價值產生了謎之自信。我很享受這種清晰而快速的思考狀態，完成作品之後捨不得切斷能量連結，好希望那種清晰的視野可以延續一輩子，幫助我在生活中更輕鬆地前行。

顏色的象徵含義與脈輪相關，不同的顏色連結不同的主題和能量。在這系列作品中，黑色扮演了尤為重要的角色。黑色代表憂鬱、混亂感和能量的疊加，多數作品都用到了它。經歷憂鬱，像關在黑暗封閉空間，感到格外煩悶。對每個人來說，這是部分自我個體化必經的歷程。然而在這段時間裡，我們也能夠透過更敏銳的感官，覺察受限的思考或行為模式，嘗試尋找突破口，獲得新的靈感、觀點。當你試著掙脫鬱悶，為心碎而歌，不知不覺間就為自己和世界帶來藝術與全新的可能性。

這系列作品我花了一年多時間才完成，創作過程非常具有挑戰性。成為母親之後的日子是壓縮的、碎片化的，工作時間大為受限，不僅面臨照顧孩子的壓力、生活雜事的干擾，還要在產後憂鬱症的挑戰下，竭力保持心理狀態穩定。在生活和創作之間不斷切換的混亂狀態，讓我備受折磨。因此在承諾之初，我便預感這會是一項艱鉅的任務。接收通道能量的過程，時而甜蜜時而折磨。每畫一件作品，就得從頭經歷憂鬱到突變的過程。期間，我決定接受心理諮商治療，觀察原生家庭模式，重建人際關係，療癒創傷，轉化負面情緒，逐漸找回了自我照顧的力量。在這裡，我要感謝家人、朋友與心理師的陪伴，讓我得以有餘裕、有彈性地面對憂鬱，讓創造力自由流動，謝謝我自己沒有放棄，努力完成這十一件生命之花作品。

人類圖的十一條個體性通道，能量運作模式奇異而極端，各有其面對世界的方式與存在的意義，帶給我很多關於突變的新觀點。無論你是否擁有那條通道，當你翻閱這本書時，只要圖像或文字讓你產生共鳴，想必那裡面就包含著此刻你所需的支持。請試著將專注力放在有感覺的部分，不論是色彩、圖案還是文字，感受你與作品的連結，將這些訊息與能量深深吸收。

希望這本書能在你感到脆弱、孤單時給予陪伴與安慰，賦予你轉化憂鬱的力量，鼓勵你持續創造，為人生旅程帶來全新的風景。

憂鬱

好窒息
我沒有辦法再留在這裡
卻也沒有地方可以去

創造

徬徨是因為
新秩序就要來了

憂鬱

和這個世界相處是白費力氣

創造

我不能解釋為什麼
但是我知道這樣做是對的
而且我做得到

憂鬱

要謹小慎微就謹小慎微吧
隨便

創造

我超迷人
沒有可是

憂鬱

沒什麼好說的
說了也沒人懂

43-23 架構

創造

來
聽我說
事情其實是這樣的

憂鬱

腦袋快爆炸了
誰能給我一個答案

創造

不知道
才有知道的樂趣

憂鬱

人間
空無似荒漠
灼燒如煉獄

創造

每次呼吸都是生命
的華麗盛放

憂鬱

喧囂即孤獨
人群最寂寞

創造

當我說愛你
你也會愛上我
我愛你

憂鬱

活著只是浪費生命
毫無意義

創造

幹
把事情做到淋漓盡致真的好累但是好爽

憂鬱

跟一堆蠢人還談什麼明天？

20-57 腦波

創造

反正做了就知道下一步

安啦

憂鬱

好想砸爛這一切
但人生已經是一灘發臭的爛泥
進退兩難

創造

我越來越知道
路不可能只有你們說的那一條

憂鬱

對
你們最大
你們說了算

25-51 發起

創造

管他的
我偏要
我不忍了

個體迴路裡的 11 條通道	每一個「個體性閘門」都是富含突變潛能的創造力，尤其如果兩兩相連形成通道，構成固定的能量運作模式，那就好像領到一條終身申論題，這輩子必須反覆作答，如何在既有的家族與社會結構下成全自我的存在，每次交卷的表現都會比上一次更全面更深刻，逐漸練就今生最堅定的創造力。
3-60 突變	接受限制，建立新秩序。以脈衝式的突變驅動力尋求個體性的實現。
2-14 脈動	妥善運用資源，配合現實處境，實踐真實自我的方向。
1-8 啟發	以自得其樂的創意，將個人風格融合於群體模式，啟發自己也啟發眾人。
43-23 架構	將獨特的個體洞見傳達給普世人間。
61-24 覺察	嚮往內在真理的思考者，對於終極答案的無止境探求。
39-55 大作情緒	高張的情緒振幅，帶領精神走進各種新境界。體悟靈性層面的豐盛。
12-22 開放	在正確受眾出現時，優雅開放內在的熱情，透過聆聽與訴說傳遞富含感染力的情感。
28-38 掙扎	頑強對抗外來影響，覺察並把握追求人生意義的機會。
20-57 腦波	當下的瞬間覺知，敏捷掌握即時生存處境。
10-34 探索	遵從自己的信念，以強大力量活出自我。
25-51 發起	以自我為宇宙的起點，純真信任生命，無懼迎向此生體驗。

江鵝

來自台南，住在台北。輔仁大學德文系畢業，曾經是上班族，現為自由作家，同時也是人類圖分析師，從事人類圖解析與教學，經營臉書粉絲頁《可對人言的二三事》。曾入選台灣九歌年度散文選，獲選林榮三文學獎散文佳作，著有散文集《俗女養成記》、《俗女日常》。

蕭郁書　Gina Hsiao

以色彩詮釋世界的投射者畫家。天生能感受到人的能量場顏色，對於色彩能量深感好奇，熱衷於探索色彩與內心世界的關聯性。長年創作生命之花神聖幾何與曼陀羅作品，曾出版色彩主題牌卡《色彩反映卡》與《生命之花卡》，並透過「生命之花彩繪靜心課程」和「蕭郁書的色彩覺察課」，帶領學員回到內在，看見當下的自己。經營粉專：《蕭郁書 Gina Hsiao》，作品網站：www.ginahsiao.com/

大人國叢書 21

憂鬱與創造——用生命之花呈現人類圖中的創造力

作　　者　江　鵝、蕭郁書
執行主編　羅珊珊
校　　對　羅珊珊、江　鵝、蕭郁書
美術設計　朱　疋
行銷企劃　林昱豪

總 編 輯　胡金倫
董 事 長　趙政岷
出 版 者　時報文化出版企業股份有限公司
108019 台北市和平西路 3 段 240 號
發行專線—（02）2306-6842
讀者服務專線— 0800-231-705．（02）2304-7103
讀者服務傳真—（02）2304-6858
郵撥— 19344724 時報文化出版公司
信箱— 10899 臺北華江橋郵局第 99 信箱

時報悅讀網　http://www.readingtimes.com.tw
思潮線臉書　https://www.facebook.com/trendage/
法律顧問　理律法律事務所　陳長文律師、李念祖律師
印　　刷　和楹印刷有限公司
初版一刷　二〇二四年六月二十一日
定　　價　新台幣四二〇元
（缺頁或破損的書，請寄回更換）

時報文化出版公司成立於一九七五年，
一九九九年股票上櫃公開發行，二〇〇八年脫離中時集團非屬旺中，
以「尊重智慧與創意的文化事業」為信念。

ISBN 978-626-396-438-9
Printed in Taiwan